LA GUERRE

ET SES ENGINS.

Sceaux. — Typographie de E. Dépée.

LA GUERRE

ET

SES ENGINS

PAR

LE BARON A. DE GONDRECOURT.

Colonel des Chasseurs à cheval de la Garde impériale.

Prix : 1 Franc.

PARIS

A. CADOT ET DEGORCE, ÉDITEURS,

37, RUE SERPENTE, 37.

1866

I

Grâce à une médiation providentielle, nous sommes en pleine paix; mais il n'est pas d'esprit sensé qui, se débarrassant des théories paradoxales, puisse croire que cette paix sera éternelle.

Certains philanthropes puisent dans leur sac, en faveur de la paix continue, deux arguments que j'ai entendu discuter sous la tente.

La guerre est devenue impossible :

1° Parce que le progrès moral l'interdit absolument ;

2° Parce que les engins destructeurs l'ont rendue impraticable.

« La civilisation ne veut plus des querelles « barbares que les têtes couronnées réglaient « à coups de canon. Les peuples ne sont plus « chair à mitraille, et il n'y aura, désormais, « d'autres conquêtes que celles entreprises, « sur la nature, au profit de l'humanité. « L'universel et perpétuel embrassement des « nations ne permettra plus au laurier de « pousser ailleurs que dans les serres consa- « crées à l'antique, et l'olivier croîtra au nord « comme au sud de toutes les régions, ne « formant qu'un seul empire gouverné par

« la raison, la science et l'esprit, le com-
« merce et l'industrie, sans compter la li-
« berté dont, à ce qu'il paraît, nous n'avons
« et n'aurons jamais assez. »

Ce premier argument, si large place qu'il tienne dans le bagage des Périclès de notre époque, ne semble pas sérieux ; toutefois, en lisant l'énumération des vérités imaginées par M. de Girardin et repoussées, en leur temps, par d'aveugles contradicteurs, vérités qui ont, heureusement, triomphé d'une systématique opposition : le *Moniteur à un sou*, *les lettres à quatre sous*, *les journaux à quarante francs*, *la multiplication des voies ferrées et la transformation de Paris* (voir la *France* du 30 juillet), je me souviens d'un charmant article écrit, il y a longtemps, par l'éminent rédacteur en chef de l'ancienne *Presse*, où il était dit : « La dernière guerre est faite, et les canons ne figureront plus, pour la curiosite des amateurs de vieilleries, que dans le bazar des marchands de bric-à-brac. »

Depuis la consolante publication de cet article, où brillait l'esprit d'un homme très-sincère dans sa croyance, nous avons eu la guerre en Crimée, la guerre en Kabylie, la guerre en Italie, la guerre au Maroc, la guerre en Chine, la guerre au Mexique, le tout à l'honneur des armes françaises qui ont placé si haut notre niveau politique; depuis, l'Amérique s'est exterminée au Nord, elle s'extermine au Sud, et les canons de Kœniggrætz, de Custozza et de Lissa, se sont mis en ligne en tel grand nombre, qu'ils auront, certainement, enrichi tous les marchands de bric-à-brac, si de bric-à-brac ils sont sortis.

Il faudrait participer à la puissance divine pour émettre avec sûreté des théories aussi absolues.

Rien n'est éternel, ici-bas, dans l'œuvre des générations. Les peuples les plus avancés des vieux siècles sont tombés dans la barbarie, d'où se sont relevées des races rajeunies. Tous, tant que nous sommes, voués au culte du progrès, nous serions fous d'orgueil, si nous pensions que ce progrès n'a pas de limites et que, dans l'avenir, l'homme pourra recommencer l'entreprise des Titans. Eh bien, la guerre est l'obstacle que le Créateur oppose au développement de la vanité humaine, et si ingénieux que soit notre esprit, il se heurtera toujours à cet obstacle dans l'audace de ses conquêtes. Cet esprit est doué, par bonheur, d'une extrême mobilité. Son inconstance en toutes choses oblige la créature à travailler sans cesse, reprenant d'âge en âge les œuvres abandonnées, pour les abandonner encore, et les reprendre à nouveau.

Dieu, dans l'ordre naturel, donne aux hommes l'exemple de cette rotation perpétuelle. Les saisons se fuient et, cependant, chacune d'elles ramène l'autre; le beau temps succède à la tempête, et la peste ne s'abat que pour quelques jours sur les contrées qu'elle dévore. Les peuples se sont fait la guerre à toutes les époques de leur histoire, et nul d'entre eux n'a nié que la guerre ne fût pas un fléau temporaire; le progrès des mœurs n'a su qu'éclairer les combattants, d'abord sur le but de la guerre, puis, sur la manière de s'y conduire.

Aux émigrations armées qui jetaient toute une race sur un pays à conquérir, ont succédé les déclarations d'hostilités. Le procédé brutal devenait courtois, mais on s'égorgeait aussi bien.

Les Francs de Clovis se ruant sur les Gallo-Romains, ne les saluaient pas comme nos gardes françaises tirant le chapeau aux gardes anglaises, à Fontenoy, avant de faire feu. Mais on ne s'est pas moins haché de bon cœur à Fontenoy comme dans la Gaule et à Tolbiac. Quand l'homme inventa la politique extérieure, il fit preuve de bonne éducation, mais aussi d'un genre de charité devenue proverbiale (*primo mihi*); car il fut plus décidé que jamais à se battre pour l'intérêt de cette politique. Aujourd'hui, quelques philosophes ont rêvé le grand amalgame des nations, l'âge d'or éternel, et cette gamelle universelle à laquelle pourvoiront les chemins de fer et le reste. Le câble transatlantique, à les en croire, a échangé, dans les deux mondes, un électrique baiser que le canal de Suez portera, bientôt, jusqu'aux confins de l'extrême Orient.

Ah! penseurs honnêtes, apôtres du sentiment, vous ne connaissez pas vos frères, car vos frères se battront tant qu'ils resteront deux sur la terre, — lisez et relisez le beau poëme des ténèbres ! — et s'il arrivait jamais que, grâce aux chemins de fer, aux fils électriques et à vos bons conseils, ils s'avisassent d'un désarmement général, tenez pour sûr que, chicanant sur un train de marchandises ou sur l'importance mercantile d'un télégramme, ils recommenceraient, sans trop tarder, à se massacrer de plus belle. Bénissez la civilisation qui a mis et mettra, de plus en plus, des formes dans l'art de tuer noblement, et tenez-vous-en là. Ne soyez pas ignorants au point de répudier l'histoire dans sa logique et sa philosophie. Ne voyez pas dans le soldat un barbare, et dans le général un ambitieux meurtrier. Voyez dans ces amas d'hommes des armées tutélaires, des créatures à votre image, se sacrifiant non pour un lucre, mais pour une immortelle idée : la gloire ! la gloire du drapeau dont vous médisez, dont vous ne voulez pas, parce que, comme les athées injuriant Dieu, vous ne la connaissez point. Rappelez-vous les grandes pages méditées dans les études de votre laborieuse jeunesse, et osez dire que les armées n'ont pas tenu d'une main le glaive et, de l'autre, un flambeau civilisateur. Depuis le traité de Verdun, au neuvième siècle, qui, le premier, éclaira les débris de l'empire de Charlemagne, comptez les traités dont la civilisation n'a pas eu à se louer; osez donc dire que ces armées farouches dont vous maudissez les exploits n'ont pas moralisé le monde sous leurs pas triomphants, et que chacune de leurs victoires n'a pas été le tremplin élastique sur lequel a bondi et rebondi, jusqu'à vous, ce progrès des nations dont vous êtes si fiers aujourd'hui.

Cessez donc d'aspirer à l'impossible : la paix perpétuelle. Vous ne l'aurez qu'à la consommation des siècles. Par respect pour ces couches d'ossements humains que retourne la charrue sur les champs de bataille dont chacun marque une étape de la civilisation, n'outragez ni les soldats de votre temps, ni les soldats de l'avenir en méconnaissant les services qu'ils vous ont rendus, en détestant les services qu'ils rendront à votre postérité! Gens de tous les partis, honorez le soldat jusque dans sa mission. Vous qui restez fidèles aux traditions de la vieille monarchie, saluez le grand Turenne, cet homme qui, selon le portrait tracé par son ennemi, « faisait honneur à l'homme. » Vous, républicains, saluez le jeune et brillant Marceau! saluez l'immortel Bonaparte! Et vous qui servez un glorieux empire, saluez Napoléon! Ils ont fait tuer beaucoup d'hommes, mais tous ont enchâssé des étoiles à ce diadème qui couronne le front de notre France adorée; mieux que cela, philosophes, avouez-le donc, chacun d'eux a fait marcher son temps. Oseriez-vous, voltairiens, ne pas admirer Frédéric ?

Mais, dites-vous, en admettant que les imperfections de la nature humaine favorisent, pendant quelque temps encore, les inclinations guerrières des peuples et des rois, il est certain que le perfectionnement des engins meurtriers rend désormais toute guerre impossible. La gloire du soldat n'est plus qu'horreur quand le champ de bataille se transforme en lugubre abattoir.

Examinons cet argument. Faisons justice une fois pour toutes, s'il est possible, des erreurs de la chimie et des fanfaronnades de la balistique. Veuillez me suivre; vous serez peut-être bien étonnés.

II

Dire que le perfectionnement des engins destructeurs rendra prochainement toute guerre impossible, c'est avancer, au nom de la science, une prétention excessive ; c'est tout simplement discuter dans le faux.

Consultons l'histoire, ce grand journal dans lequel sont consignés tous les actes de l'homme depuis sa création, et suivons, à travers les siècles, l'interminable série des conflits qui ont armé les races, puis les peuples les uns contre les autres. Négligeons les âges barbares de l'enfance humaine pour nous arrêter aux temps où l'intelligence et le génie de la créature ayant déjà parlé, on ne se battait plus ni à coups de poing ni à coups d'épieux, mais avec des armes laborieusement étudiées, ingénieusement inventées, et voyons ce qui s'est produit.

Alexandre n'avait à opposer aux masses formidables des ennemis qu'il alla chercher jusqu'aux bouches de l'Indus, que les piques de ses phalanges et les javelines de ses cavaliers.

D'après la moyenne des chiffres fournis par les nombreux historiens de ce conquérant célèbre, la perte totale des *Macédoniens* (je souligne le mot, parce que j'excepte les alliés du grand roi dont les bulletins ne parlent pas) ne dépasse pas huit cents hommes tués, pendant dix années de victoires, et dans les quatre batailles colossales que vous savez.

Les Perses et les Indiens avaient cependant de terribles engins de guerre qui durent, tout d'abord, frapper violemment l'imagination des Grecs. Ils avaient des éléphants et des chars armés de faux.

Alexandre les vainquit partout et toujours, par la seule puissance de son génie. L'habileté du général fut le seul engin de ses soldats, et tua des hommes, par centaines de mille, dans ces foules, cependant valeureuses, que d'ignorants satrapes conduisaient à la déroute.

Les consuls qui affrontèrent le fameux roi d'Épire dans les plaines d'Héraclée, conduisaient des légions redoutables par leur courage. Pyrrhus les combattit, non-seulement avec les traditions tactiques d'Alexandre, mais encore avec les instruments guerriers que la Grèce avait empruntés aux peuples vaincus par elle. Défaits une première fois par les éléphants et la méthode de leurs ennemis, les Romains s'assimilèrent et la méthode et partie de l'armement de leurs vainqueurs qu'ils chassèrent de l'Italie. Cette guerre fut des plus sanglantes, et quoique les Romains n'eussent pas encore d'éléphants, ils tuèrent tant de monde à Pyrrhus qu'il en fut épouvanté.

A Cannes, cinquante mille Romains restèrent sur le terrain de leur défaite.

Marius délivra Rome, lorsque dans deux batailles, à Verceil et à Pourrières, il anéantit les Cimbres et les Teutons. Il leur tua tant de monde, qu'on ne vit plus reparaître ces races envahissantes. César, pendant douze ou treize ans qu'il fit la guerre, ne coûta pas moins d'un million d'hommes à l'humanité.

Quelles étaient les armes des troupes de César? Le glaive, le javelot, la pique et le pilum. Le pilum était une arme de jet d'une portée moyenne de vingt-cinq mètres, et il n'est pas une grande bataille livrée par le dominateur de l'ancien monde qui n'ait été aussi meurtrière, si ce n'est plus, qu'aucune de celles des temps modernes.

Résumons ces observations sur l'antiquité. Elles nous démontrent :

1° Que le perfectionnement des armes en usage n'a eu aucune action sur le caractère des générations; que les mœurs n'en ont pas été plus adoucies; que la guerre est restée dans l'esprit de l'homme une chose utile, noble; un art le disputant victorieusement à celui de l'éloquence, c'est-à-dire effaçant tous les autres; un moyen indispensable, pour les nations, de dominer plutôt que d'être asservies;

2° Que si perfectionnées qu'elles fussent avant l'invention de la poudre, les armes mises aux mains des soldats dont parle la renommée étaient peu meurtrières; et que, cependant, les batailles, dans l'antiquité, ont été de véritables carnages, comparées aux batailles de nos jours dont se lamente la sensiblerie, peut-être efféminée, de la civilisation moderne.

La barbarie renaît. Faut-il en accuser la guerre? On a certainement écrit de magnifiques discours sur ce sujet; ni l'élévation de la pensée, ni la grandeur du style ne m'ont convaincu. Oui, la colère des peuples tributaires a jeté sur la vieille capitale de l'Occident ces mondes barbares qui ont abattu l'empire; mais c'est la paix dissolue qui, en énervant la virilité romaine, a, pour ainsi dire, ébréché les Alpes pour ouvrir un passage aux envahisseurs. La robuste nation née de Romulus, et le colossal empire sorti des mains d'Auguste étaient pourris, lorsque, par un double sarcasme du destin, l'une et l'autre s'éteignirent dans la pourpre avilie d'un Romulus-Augustule. Depuis longtemps, l'art de la guerre n'était plus qu'un métier dont frissonnaient les cœurs sensibles; les enrichis, méprisant la prétendue grossièreté du légionnaire, envoyaient leurs esclaves sous les aigles, et se livraient aux plaisirs raffinés de leur progrès corrompu.

Les rhéteurs et les grammairiens, copiant l'école d'Orient, se récriaient sur l'*inintelligence* du casque et du pilum des cavaliers du grand César. Les histrions tenaient place d'honneur, et l'usure remportait des victoires! La main divine écrasa ces fainéants et ces débiles. L'Italie a payé par quatorze siècles d'infortunes le mépris qu'elle avait fait de sa gloire militaire, — et remarquez l'enseignement, — c'est par un appel aux armes qu'elle ressuscite, à cette heure, parmi les nations modernes.

Les citations que nous emprunterions au moyen-âge nous conduiraient à conclure comme pour l'antiquité. Partout d'effroyables rencontres où, combattant à l'arme blanche, on tue beaucoup plus de monde qu'avec les armes de nos jours.

Arrivons aux exploits de la chimie, de la balistique et de la mécanique.

Bacon, ou un Chinois quelconque, a inventé la poudre. L'arquebuse a été détrônée par le mousquet, puis par le fusil à pierre.

Vauban a imaginé la baïonnette.

La bouche à feu est trouvée ; le génie de l'homme la perfectionne rapidement.

La chevalerie a disparu devant cet engin *détonnant* qui n'a pas abattu son courage, bien au contraire, mais l'a accidentellement humilié, selon ce qu'en ont écrit Montluc et bien d'autres. Cette formidable invention de la poudre a-t-elle ralenti, chez les peuples, le goût de la guerre? Loin de là. Vous le savez de reste. Du moment qu'on s'abordait moins à l'arme blanche, le nombre des braves prenant plaisir à batailler grossissait. On s'est querellé, houspillé un peu partout. Guerres d'Etats, guerres de religion, guerres d'aventures, — on ne voit que cela! — Grands rois, petits princes font égorger leurs sujets qui s'y prêtent; mais, en somme, que remarquez-vous? La poudre fait grand bruit et tue bien moins de monde que le glaive, le pilum et la catapulte des anciens. Plus l'art de massacrer se développe à l'aide de la chimie et de la mécanique, moins on s'écharpe. Je vous supplie de relire l'histoire, avant de me crier que je fais erreur.

Mais bientôt, le fusil et le canon se perfectionnent. La mèche du mousquet est remplacée par le silex, et les canons, les obusiers, les mortiers lancent des projectiles abominables. Pour le coup, un fantassin parvenant à faire feu deux et même trois fois par minute, un obus roulant tout enflammé pour éclater dans les masses, la guerre sera si effroyable, qu'on se tendra la main chez tous les peuples civilisés, c'est-à-dire armés de ces terribles engins.

Vous savez ce qui s'est passé depuis 1792? On ne s'est battu que pendant vingt-trois ans d'enfilade, d'un bout de l'Europe à l'autre, sur terre et sur mer, et on s'est massacré, comme dans tous les temps, mais pas plus qu'à l'époque où le soldat de Louis XIV avait de mauvais canons, de mauvais mousquets, et la pique rococo d'Alexandre le Grand, mais surtout, beaucoup moins qu'à l'époque d'Annibal, de Marius, de César, des empereurs guerriers et des batailleurs du moyen âge.

Cependant, la balistique et la chimie poursuivent leurs progrès. La capsule remplace le silex, le fusil ne craint plus la pluie. Décidément, les combattants n'auront plus de répit, et les cœurs timides, en allant au feu, ne pourront plus conjurer le ciel de les tremper jusqu'aux os pour prolonger leur existence. Le boulet rond ne portait qu'à 12 ou 1,500 mètres, on invente le canon rayé qui porte à quatre et cinq kilomètres, de sorte que le « baston creux » du maréchal de Montluc est devenu une machine infernale devant laquelle un homme de cœur ne sera pas assez bête pour se poster. Cette fois, gens de guerre, sabres inintelligents de tous pays, embrassez-vous et changez de métier, car le vôtre a fini son temps ; car, outre qu'il est absurde, il n'a plus d'emploi.

Très-bien, mais depuis, et comme pour

essayer capsules, obus, balles oblongues, boulets de grand fouet, bombes de six cents livres, on s'est fusillé en Afrique, canonné, bombardé à Sébastopol, massacré en Italie, et sur d'autres points du globe; on s'est fait beaucoup de mal. — Les états mortuaires des combattants font dresser les cheveux à notre génération qui, pour avoir appris beaucoup de chimie et de physique, semble avoir oublié l'histoire de l'enfance de ce siècle, et s'être énervée dans les douceurs d'une paix quelque peu prolongée. Toutefois, tablettes en mains, il est aisé de prouver qu'en aucune rencontre, ces engins perfectionnés n'ont tué autant de monde que les mousquets de Louis XIV, lesquels ne partaient jamais à la pluie, et rataient beaucoup en plein soleil. Quant aux armées barbares et de l'antiquité, si nous leur comparons nos combats, nous nous prenons pour des enfants.

Un officier fort instruit de l'état-major belge a fait l'intéressant relevé des pertes subies par les troupes engagées, des deux parts, dans les batailles célèbres qui ont ensanglanté les derniers siècles.

Je choisis dans mes citations :

A Borodino, les combattants ont perdu le quart de leur effectif.

A Magenta et à Solferino, le *huitième* au plus.

A la bataille de Senef, que le prince de Condé livra au prince d'Orange, les deux armées perdirent le *tiers* de leur effectif, et Condé eut trois chevaux tués sous lui, par les tristes mousquets, les vieilles hallebardes et les pistolets plaisants de ce pauvre temps si éloigné de notre année de grâce où fleurit le fusil à aiguille.

Enfin, j'ajoute et j'aurai conclu, qu'à la bataille de Sadowa, Prussiens et Autrichiens ont perdu, en forçant le chiffre, le *huitième* de leurs troupes engagées, et ils se sont cependant battus avec acharnement des deux côtés, et les Autrichiens ont dû subir les pertes qu'entraîne toujours la confusion des retraites précipitées.

Le fusil à aiguille est donc un engin destructeur dont il ne faut pas se priver, qu'il serait impolitique, imprudent de ne pas posséder, et qui est, déjà, corrigé par nous dans ses imperfections ; mais prétendre qu'il a donné la victoire aux Prussiens, c'est se refuser à la lecture intelligente de cette dernière guerre, si rondement menée. Le grand Frédéric doit sourire de pitié s'il entend de là-bas, Enfer ou Purgatoire, attribuer à cet innocent engin les défaites successives de l'Autriche. Non ; maintenant que la lumière est complètement faite, il faut reconnaître que, d'une part, l'énergie des généraux prussiens, l'audace de leur plan stratégique, *la confiance du soldat dans son armement meilleur que celui de l'ennemi,* la ténacité de tous, chefs et soldats, dans l'accomplissement d'un programme arrêté depuis longtemps; d'autre part, la lenteur, l'excès de prudence et le décousu des états-majors autrichiens ont tout fait dans cette campagne de quelques jours, où la victoire a répété cette grave leçon aux peuples qui veulent vivre libres, honorés et maîtres de leur destin :

Si vis pacem, para bellum.

III

« *Si tu veux la paix, tiens-toi prêt pour la guerre.* » Ce précepte, que les Romains nous ont légué, sera vrai tant que vivront les hommes. La nation virile qui ne s'en écartera jamais sera toujours forte et florissante. C'est à l'ombre des nobles drapeaux que les populations prospèrent dans le respect qu'elles inspirent. Les sciences, les arts, le commerce, l'industrie, toutes les cultures, à commencer par celle de la terre, prennent un essor d'autant plus vigoureux que le sol de la patrie n'a rien à redouter des convoitises de l'étranger.

Pour qu'il soit admis que l'esprit de conquête a fait son temps, — la Prusse ne le démontre guère, — il faut admettre que l'esprit de nationalité n'est pas déracinable, et c'est là précisément notre article de foi. Or, tant que la France sera ce qu'elle est, fortement appuyée sur son armée et sagement gouvernée, quelle appréhension peut-elle avoir au sujet de ses destinées ? Les engins nouveaux échappés soit des cornues d'un chimiste, soit des mains d'un mécanicien, seront-ils de nature à inquiéter des soldats nourris, comme les nôtres, du souvenir des ancêtres ? Non, mille fois non. Nous l'avons dit, les engins destructeurs, si meurtriers qu'ils soient ou qu'ils deviennent, font et feront toujours plus de ravages dans l'imagination que dans les rangs, et les grandes victoires, qu'on n'en doute pas, seront constamment remportées par le génie du général, non par une découverte de la science. Pour bien se pénétrer de cette vérité, il faut savoir jusqu'à quel degré s'élève la confiance des troupes qu'un grand homme de guerre électrise. Sûr de vaincre, on n'est jamais vaincu. Le courage a des éclairs qui devanceront sans cesse le fer et le plomb les plus agiles.

Ce n'est pas à dire qu'il faille s'obstiner dans la routine des vieux engins. Loin de là ; lorsqu'une arme a fait ses preuves, il faut se hâter de l'adopter, pour se garder d'une infériorité tactique.

Les Prussiens, dans la belle campagne qu'ils

viennent de faire, ont tiré grand avantage de leur armement dès leurs premiers combats, de sorte que les Autrichiens, — je parle du soldat, — se sont présentés à Sadowa avec un moral légèrement ébranlé, ce qui ne les a pas empêchés, néanmoins, de se battre en très-braves gens.

Quoique les Prussiens aient tiré de leurs aiguilles tout le parti désirable, ils sont bien assez fins, — et je ne leur en fais nul reproche, — pour affirmer qu'ils ne leur doivent rien de leurs succès. Il y a tout à la fois ruse et vérité dans ce dire. Ruse, parce qu'il serait favorable à la Prusse d'être seule en possession de cet engin ; vérité, parce que c'est principalement à son audacieuse stratégie, à sa ténacité brillante et aux traditions que l'école du grand Frédéric a fait passer dans ses mœurs, que l'aigle rouge a dû de vaincre l'aigle à deux têtes.

N'en déplaise à la féconde imagination des inventeurs, nous ne connaissons, jusqu'à ce jour, en dehors de la poudre et des projectiles, que trois engins dont les peuples doivent se préoccuper pour entrer en campagne. Nous les classerons ici par ordre d'utilité :

1° Un bon chef d'armée ;

2° Les voies ferrées ;

3° Les télégraphes électriques.

1° Les mauvais généraux font tuer, en une bataille perdue, plus d'hommes qu'il n'en faudrait pour peupler une grande ville ; ils humilient leur patrie, et souvent la livrent aux brutalités du vainqueur. Un bon chef d'armée, fût-il malheureux, fait honorer sa défaite, ne perd, relativement, que peu de monde, et se relève par des exploits inattendus. Quand ce chef s'appelle Annibal, César, Turenne, Condé, Maurice de Saxe, Frédéric II, Bonaparte, Napoléon, il gagne les batailles de Cannes, de Pharsale, des Dunes, de Rocroy, de Fontenoy, de Zornorf, de Marengo, d'Austerlitz, et fait de sa patrie le miroir des autres nations. Le chef d'armée sera toujours l'engin le plus sérieux des grandes guerres. Mauvais ou médiocre, on fauchera ses troupes sous ses yeux ; grand capitaine, ses victoires coûteront moins à l'humanité, en ce qu'il justifiera l'originale définition de Bulow : « *Le but de la guerre, c'est la paix.* »

2° Les voies ferrées et les fils électriques sont deux engins d'une portée considérable. Ils n'ont en rien, absolument en rien, aggravé les périls de la guerre ; mais ils ont totalement renversé les habitudes de la science stratégique. Avant l'installation des chemins de fer, les chefs d'armée jouaient aux barres et déployaient à se tromper mutuellement toutes les ressources du génie. Voyez Turenne, dans son admirable campagne d'hiver, à travers les Vosges, tomber comme la foudre sur les quartiers du prince d'Orange.

Voyez ce grand homme aux prises avec l'habile Montecuculli ; comptez les marches, les feintes, les contre-marches et jugez des difficultés de cette époque. Suivez l'héroïque armée de Napoléon entre Seine-et-Marne, et remarquez cette énorme dépense d'activité, de labeurs, de traits de génie.

La seule concentration des corps d'armée demandait l'application de talents de premier ordre. La concentration de l'armée française, en juin 1815, sur la frontière de la Belgique, est un chef-d'œuvre de stratégie. Aujourd'hui, la politique a pris, seule, les rênes de ces opérations finales. En une heure l'électricité met, aux quatre points cardinaux, les troupes en mouvement, c'est-à-dire en wagons, et, quelques heures après, des corps d'armée peuvent déboucher sur le territoire où une politique indolente n'aura rien préparé. Lisez les bulletins de Saxe, Bohême et Moravie.

Que résulte-t-il, comme enseignement, de cette grave simplification ? Qu'il n'y a presque plus de préliminaires aux opérations capitales, et que, veuillez en convenir, le peuple le mieux préparé à la guerre aura pour lui toutes chances de succès en surprenant, comme la tempête, son adversaire au dépourvu. On ne livrera plus trois batailles dans une campagne ; on se heurtera dans quelques chocs d'avant-garde, pour se ruer par masses en un jour décisif.

Ainsi donc, soyez toujours prêts. Tenez votre matériel à la hauteur du meilleur matériel connu ; et, besogne plus ardue, maintenez votre personnel de commandement dans sa vigueur. Le temps n'est plus où les généraux et leurs lieutenants, essayés dans les préliminaires de l'action suprême, étaient instruments à rechange. Aujourd'hui, les armées s'abordent compactes. La guerre écourtée ne sera plus qu'un duel à mort.

Là où sera le génie, le talent, la vigueur, là sera la victoire ; voyez Magenta et Solferino ; voyez Sadowa : quelques semaines de luttes, et tout a été dit.

Heureuses les armées qui reviennent couronnées de lauriers dans la patrie ! Quels que soient, par la suite, l'ingratitude et l'oubli des générations à leur égard, elles ont la conscience d'avoir noblement servi le présent et la postérité. La philosophie sentimentale ou matérielle aura beau s'irriter contre la guerre, elle ne changera pas la nature batailleuse de l'homme et ne fera jamais jeter la pierre à la gloire des armes.

Réfléchissez à ce grand spectacle qui vient de s'offrir à vous. Un vaste empire est envahi, vaincu malgré le courage de ses enfants. Sa capitale voit, de ses murs caducs, les vedettes d'un ennemi tout enivré de ses triomphes. Brennus est à ses portes, et Camille n'existe plus !

Il faut subir la paix dont une main puissante adoucit les rigueurs, et cette paix coûte des larmes à tous les yeux fixés sur de chers étendards qu'il faut voiler de deuil. Tout à coup les brises de l'Adriatique apportent à Vienne comme un parfum d'honneur : « La flotte est victorieuse à Lissa. » Les drapeaux se redressent d'eux-mêmes ; la résignation se fait forte, et si la main qui signe la paix pour le vaincu de Sadowa tremble encore, c'est de la joie que lui cause une consolation inespérée.

Un homme, un seul homme, un citoyen jusqu'alors inconnu de la renommée, a fait passer dans l'âme abattue de tout un grand peuple, et comme transmis par un courant magnétique, un tel frisson d'espoir, que ce peuple en a peut-être rajeuni !

Adorateurs du bien-être, esprits délicats et même douillets, spéculateurs émérites, cœurs virgiliens épris des douceurs champêtres, gens affamés de richesses, savants encensés et bien dignes de l'être, n'estimez-vous point que ni coup de fortune, ni repos bucolique, ni longues années, ni millions sur millions, ni découvertes par le télescope ou la cornue ne pourront égaler, jamais, ce rayon de gloire qu'un homme vient de conquérir, et dont il a sillonné le front courbé de sa patrie.

FIN.

Sceaux. — Typographie de E. Dépée.

ERNEST CAPENDU

L'Hotel de Niorres, avec gravure . . . . 3 vol.
Le Comte de Sommes, avec gravure . . . . 1 vol.
Une Reine d'Amour, avec gravure. . . . . 1 vol.
Le Mat de Fortune, avec gravure. . . . . 1 vol.
Pour un Baiser, avec gravure. . . . . 1 vol.
Les Coups d'Épingle. . . . . 1 vol.
Marcof le Malouin. . . . . 1 vol.
Le Marquis de Loc-Ronan. . . . . 1 vol.
Surcouf. . . . . 1 vol.
Les Rascals. . . . . 2 vol.
Le Capitaine Lachesnaye. . . . . 1 vol.
Les Secrets de Maître Eudes. . . . . 1 vol.
Le Baron de Grandair. . . . . 1 vol.
Les Grottes d'Etretat. . . . . 1 vol.

GUSTAVE AIMARD

Une Vendetta Mexicaine, avec gravure . . . . . 1 vol.
Le Lion du Désert, avec gravure . . . . 1 vol.
Les Fils de la Tortue, *deuxième édition*, avec gravure . . . . 1 vol.
L'Araucan, *deuxième édition*, avec gravure. . . . 1 vol.

ALBERT BLANQUET

Le Parc aux Cerfs, avec gravure. . . . . 1 vol.

MARQUIS DE FOUDRAS

L'abbé Tayaut, avec gravure . . . . 1 vol.

Saint-Jean Bouche d'Or, avec gravure. . . . . . 1 vol.

Les Misères dorées, avec gravure. . . . . 1 vol.

Une Vie aventureuse, avec gravure. . . . . . . 1 vol.

Un Caprice royal, avec gravure. . . . . 1 vol.

Le Père la Trompette, avec gravure. . . . . . 1 vol.

Suzanne d'Estouville, avec gravure. . . . . . . 2 vol.

La Vénerie contemporaine.

Première série : Veneurs, Chevaux et Chiens. . 1 vol.

Deuxième série : Les Passionnés et les Excentriques. . . . . 1 vol.

Troisième série : Histoires bizarres, Pochades. . 1 vol.

Un Amour de Vieillard. . . . . 1 vol.

Tristan de Beauregard . . . . 1 vol.

Les Veillées de Saint-Hubert. . . . . 2 vol.

Les deux Couronnes. . . . . 1 vol.

HENRY DE KOCK

Folies de Jeunesse, avec gravure (Inédit). . . . . 1 vol.

Les Treize Nuits de Jane, *quatrième édition*, avec gravure. . . . . 1 vol.

Les Hommes volants, avec six gravures. . . . . . 1 vol.

PAUL DE KOCK

Les Compagnons de la Truffe.	2 vol.
La Famille Braillard.	2 vol.
La Demoiselle du cinquième.	2 vol.
La Bouquetière du Chateau-d'Eau.	2 vol.
Madame de Montflanquin.	2 vol.
Le Millionnaire.	2 vol.
Paul et son Chien.	4 vol.
Les Étuvistes.	4 vol.
Monsieur Choublanc.	1 vol.
Un Monsieur très-tourmenté.	1 vol.

LUC CHARDALL

Geneviève la Rouge, avec gravure.	1 vol.

VICTOR THIÉRY

Ministre et Paysan, avec gravure.	1 vol.

Sceaux. — Typographie E. Dépée.

Sceaux. — Typographie de E. Dépée.

www.ingramcontent.com/pod-product-compliance
Ingram Content Group UK Ltd.
Pitfield, Milton Keynes, MK11 3LW, UK
UKHW021949260726
13994UKWH00004B/1635

9 782329 388670